DE PÉPINOT À LA PAT' PATROUILLE[MD]

NOTRE ENFANCE TÉLÉVISUELLE

OLIVIER CÔTÉ
CLAIRE CHAMP

MUSÉE CANADIEN DE L'HISTOIRE
CANADIAN MUSEUM OF HISTORY

Catalogage avant publication de Bibliothèque et Archives Canada

Titre : De Pépinot à la Pat' Patrouille : notre enfance télévisuelle / Olivier Côté et Claire Champ.

Noms : Côté, Olivier, auteur.
Champ, Claire, auteur.
Musée canadien de l'histoire, organisme de publication.

Collections : Collection Catalogue-souvenir; 29.

Description : Mention de collection : La collection Catalogue-souvenir, ISSN 2291-6377; 29
Publié aussi en anglais sous le titre : From Pepinot to Paw Patrol: Television of Our Childhoods.

Identifiants : Canadiana 20220262926
ISBN 9780660415888 (couverture souple)

Vedettes-matière :
RVM : Émissions télévisées pour enfants—Canada—Histoire et critique.
RVM : Dessins animés télévisés—Canada—Histoire et critique.
RVM : Films pour enfants—Canada—Histoire et critique.

Classification : LCC PN1992.8.C46 C68 2022
CDD 791.450830971—dc23

Publié par le
Musée canadien de l'histoire
100, rue Laurier
Gatineau (Québec) K1A 0M8
museedelhistoire.ca

Imprimé et relié au Canada

Conception graphique : nineSixteen Creative

Le présent catalogue-souvenir est publié dans le cadre d'une exposition réalisée par le Musée canadien de l'histoire, à Gatineau, en collaboration avec CBC/Radio-Canada et avec la participation de Télé-Québec.

TABLE DES MATIÈRES

UN MOT DU

MUSÉE CANADIEN DE L'HISTOIRE

Depuis 70 ans, la télévision pour enfants au Canada a influencé et inspiré plusieurs énerations de jeunes.

Outre leur apprendre à lire, écrire, compter et chanter, la programmation enfantine a abordé d'importants enjeux sociaux, allant des préjugés jusqu'à l'identité de genre. De sympathiques personnages et de judicieux scénarios lui ont permis de refléter nos expériences, captiver notre imagination et nous préparer au monde à venir.

Nous avons tous et toutes nos émissions favorites. Pour certaines personnes, ce sont celles qui mettent en vedette d'extravagantes marionnettes. Pour d'autres, ce sont celles qui sont animées par des adultes qui procurent chaleur et réconfort. Ou encore celles qui encouragent le public à danser et à rêver. Enfin, nous sommes un grand nombre à pouvoir citer de mémoire nos personnages préférés qui nous donnaient rendez-vous pour l'heure du conte, pour un jeu, pour une aventure passionnante.

Même lorsqu'elle s'attaque à des sujets difficiles, la télévision pour enfants au Canada a toujours été entre mains sures. Dans l'univers de chiots spécialistes des interventions d'urgence (*La Pat' Patrouille*), d'un lemming plein de vie et de ses camarades inuit (*Takuginai*) ou de jeunes et téméraires aventuriers et aventurières (*Toc Toc Toc*), les enfants ont appris que l'on peut rire et retrouver un peu de magie malgré les problèmes et que tout finit par s'arranger.

Dans un monde de plus en plus complexe, nous avons besoin d'un brin de télévision enfantine dans nos vies. Besoin des mondes imaginaires de *La Boîte à Surprise* et de *Passe-Partout*. Besoin du rire facile du Friendly Giant ou de Polkaroo, de *Polka Dot Door*. Besoin de la cadence régulière d'*Anne… la maison aux pignons verts* et de *Wapos Bay*.

Ce sont toutes ces émissions, et plusieurs autres encore, que vous retrouverez dans les pages de ce catalogue-souvenir. L'équipe du Musée canadien de l'histoire a mis tout son cœur dans l'exposition de laquelle il est tiré, qui est à la fois divertissante et stimulante, et dont nous partageons la fierté avec CBC/Radio-Canada et Télé-Québec.

En feuilletant cet ouvrage, j'espère que vous vous rappellerez non seulement l'exposition elle-même, mais aussi les camarades formidables que la télévision a fait entrer dans votre vie. Il y a un peu de nous dans ces pages, ainsi que dans les émissions que nous continuons à savourer.

Caroline Dromaguet

Présidente-directrice générale par intérim
Musée canadien de l'histoire

UN MOT DE

CBC/RADIO-CANADA

Les émissions jeunesse ont bercé notre enfance : elles étaient source d'émerveillement, de connaissance et de plaisir, en plus de nous amener à tisser des liens. Elles ont nourri l'imaginaire et les aspirations des enfants que nous étions, en nous transportant à la découverte de nouveaux mondes et de nouvelles idées, tout en étant ancrées dans nos réalités et nos perspectives.

Radio-Canada et CBC divertissent et éclairent les enfants depuis les tout débuts de la télévision au pays. Nous sommes plusieurs à chérir les souvenirs d'émissions phares comme *Bobino* ou *Mr. Dressup*.

À l'adolescence, bon nombre d'entre nous ont pu se reconnaitre dans les péripéties des personnages d'émissions comme *Watatatow* et *Degrassi*.

À CBC/Radio-Canada, nous savons l'importance de telles émissions dans la vie des jeunes et c'est pourquoi nous plaçons le contenu jeunesse au sommet de nos priorités depuis des décennies. D'ailleurs, nous gardons le cap aujourd'hui; nous avons pour objectif de placer nos auditoires – y compris les jeunes – au cœur de nos décisions et de nos actions.

Nous nous réjouissons d'avoir pu collaborer avec le Musée canadien de l'histoire pour concrétiser cette exposition et célébrer le meilleur de la programmation jeunesse depuis près de 70 ans. J'espère que ce catalogue-souvenir vous éveillera non seulement à l'influence de la télévision dans votre vie, mais à son rôle futur pour donner libre cours à l'imagination des prochaines générations d'enfants.

Catherine Tait

Présidente-directrice générale
CBC/Radio-Canada

LA TÉLÉ DE NOTRE ENFANCE

La télé de notre enfance, ce sont nos visages qui s'illuminent devant le petit écran. Des personnages et des univers fantastiques qui ouvrent de nouvelles portes sur notre imaginaire.

Des apprentissages pour le primaire et l'école de la vie. Mais c'est aussi une prise de contact précoce avec les valeurs changeantes de nos communautés.

Depuis plus de 70 ans, il y a un peu de moi, de toi et de nous dans les émissions de télé pour enfants.

UNE GRANDE RICHESSE

Ce catalogue-souvenir et l'exposition dont il s'inspire s'intéressent avant tout aux émissions pour enfants de 2 à 11 ans, produites et diffusées au Canada, des débuts de la télévision canadienne, en 1952, à aujourd'hui. Parmi des milliers de créations anglophones, francophones et autochtones, nous avons choisi près de 100 émissions de fiction, d'animation et mettant en scène des marionnettes. Celles-ci figurent parmi les plus marquantes, en raison notamment de leur durée de diffusion, de leur popularité, ainsi que de leur qualité artistique et de leur aspect novateur.

1

4

7

2

5

8

3

6

9

10

11

12

13

14

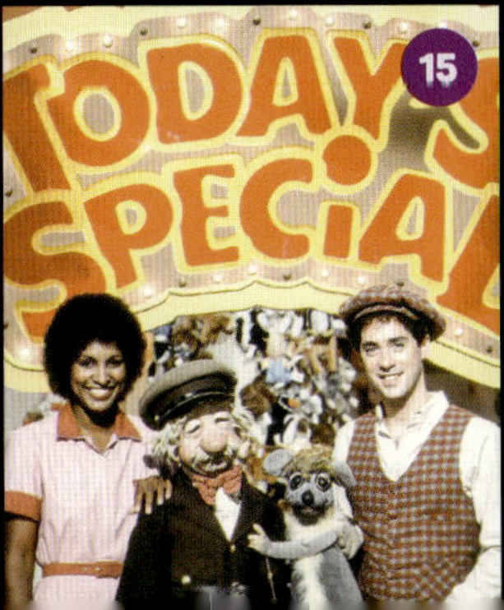
15

1. *Passe-Partout (première version)*
2. *Polka Dot Door*
3. *Takuginai*
4. *The Friendly Giant*
5. *Mr. Dressup*
6. *Bobino*
7. *Pépinot*
8. *La Boîte à Surprise*
9. *Dino Dana*
10. *Toc Toc Toc*
11. *La Pat' Patrouille*
12. *Anne... la maison aux pignons verts*
13. *Fred Penner's Place*
14. *Passe-Partout (nouvelle version)*
15. *Today's Special*

LES ÉMISSIONS INCONTOURNABLES

Vous trouverez ici certaines des créations incontournables du petit écran. La crème de la crème. Elles ont traversé les décennies, ont été primées et, surtout, ont fait l'objet d'un véritable culte de la part des enfants.

BOBINO

Un frère et une sœur qui se taquinent

Cette émission met en scène les aventures cocasses de Bobino, le fantaisiste ami des « tout-petits », et de Bobinette, sa petite sœur marionnette, toujours prête à lui jouer des tours avec sa poire à eau et ses pétards à la farine. Le duo est entouré de personnages jamais montrés à l'écran, notamment Camério, le caméraman, qui agite la tête pour dire oui ou non, et Tapageur, le bruiteur, qui fait retentir sa « trompe pouet pouet ».

La longévité exceptionnelle de l'émission et l'humanité de Bobino en font une série culte.

1957–1985

Plus de 5 000 épisodes (en français)

Diffuseur : Société Radio-Canada

Compagnie de production :
Société Radio-Canada (Montréal)

Bobinette arrose Bobino à l'aide de sa poire à eau, 1980

Costume de Bobino

1957–1985

Ce mythique costume a appartenu au personnage de Bobino, interprété par Guy Sanche. Sa forme est demeurée constante au fil des années, lui conférant une sorte de permanence dans la culture populaire francophone. Il comprend un veston bien usé, orné d'une marguerite à la boutonnière, ainsi qu'un gilet à carreaux, une boucle en ruban, des gants gris, un chapeau melon et une canne en bois.

Bobino, années 1960

Bobinette

1960-1985

Bobinette s'installe dans l'émission dès 1960. Elle dispose d'une garde-robe extrêmement stylée et étendue. La manipulation et la voix de Bobinette sont assurées par Paule Bayard. En 1973, elle tombe malade et c'est Christine Lamer qui prend le relai.

Sa plus célèbre expression, parlant de Bobino : « Ah là là! C'est toujours la même chose avec toi! »

Bobinette

LA BOÎTE À SURPRISE

Surprise!

C'est le très chaleureux Monsieur Surprise qui sort de sa boite pour présenter ses camarades aux enfants à leur retour de l'école. Parmi ces personnages, il y a la très déterminée poupée Fanfreluche, qui plonge dans les contes anciens qu'elle réinvente à sa manière; l'espiègle clown Picolo; le duo clownesque Sol et Gobelet; et le peu intrépide Pirate Maboule. La joyeuse bande de la Ribouldingue et Grujot et Délicat s'installeront par la suite. Plusieurs personnages poursuivront leur présence au petit écran dans leurs propres émissions.

L'émission et ses déclinaisons connaitront de nombreuses rediffusions et elles seront parmi les émissions les plus marquantes des francophones de la génération du babyboum.

1957–1972

Plus de 1 800 épisodes (en français)

Diffuseur : Société Radio-Canada

Compagnie de production :
Société Radio-Canada (Montréal)

Picolo (Paul Buissonneau), 1961

Costume de Fanfreluche

1968–1971

Fanfreluche, une poupée à la personnalité forte, prend plaisir à lire les histoires d'un grand livre. Elle s'amuse à entrer dans les contes, puis change l'histoire en fonction de ce qui lui plait et lui déplait.

Ce costume de Fanfreluche est utilisé dans la série éponyme. Ses couleurs vives exploitent bien l'arrivée de la couleur à la télévision. Le personnage est une création de Kim Yaroshevskaya, qui l'incarne à titre de comédienne et écrit ses scénarios sur scène comme à la télévision.

Fanfreluche, 1970

Costume de Sol

1968–1971

Sol, interprété par Marc Favreau, à droite sur la photo, est un clown-clochard-poète, bouffon et gaffeur. Il s'empêtre dans des situations comiques avec son comparse, Gobelet. Son costume, déglingué et mal ajusté, traduit la vulnérabilité de ce clown si triste, mais si drôle.

Dans le cadre de *La Boîte à Surprise*, il a aussi fait des duos avec les clowns Bim, Pop, Bouton et Biscuit. On le voit également sur scène.

Gobelet et Sol, 1968

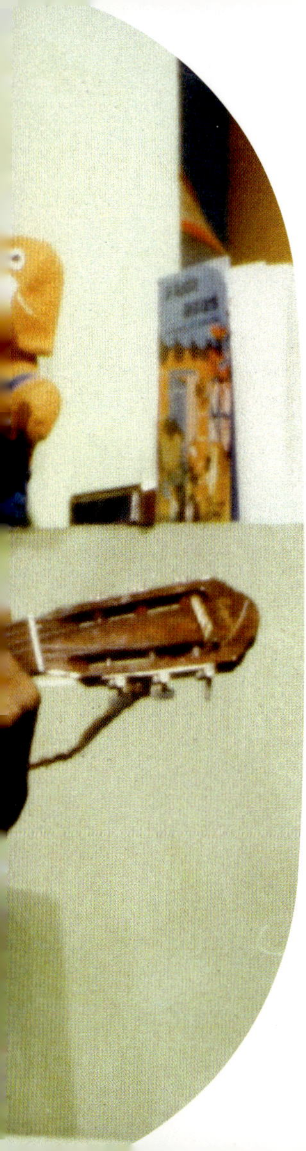

Costume de Monsieur Surprise

1967-1968

Monsieur Surprise est un clown rêveur et chaleureux qui adore retrouver les enfants dans leur quotidien. Clown musicien, il chante des chansons avec sa guitare. Pierre Thériault, qui incarne le personnage le plus longtemps, composera d'ailleurs plus de 3 000 chansons et contes pour les « tout-petits ».

Monsieur Surprise joue de la guitare, 1967-1968

THE FRIENDLY GIANT

« Regarde en haut, tooooout en haut! »

Le pont-levis du château s'abaisse pour faire entrer le jeune public. La voix apaisante du gentil géant, incarné par Bob Homme, l'invite à prendre place sur les chaises et lui dit : « Regarde en haut, tooooout en haut! » C'est alors qu'apparait son visage souriant. L'émission peut commencer.

Le géant et ses amis Jerome et Rusty, parfois accompagnés de chats et de ratons musiciens, jouent de divers instruments et proposent des musiques variées. Le gentil géant lit aussi des histoires fantastiques. La formule réconfortante restera inchangée pendant près de 30 ans.

Des générations d'enfants garderont en mémoire la candeur et l'humour du gentil géant dans ses dialogues improvisés avec les autres personnages.

1958–1985

Plus de 3 000 épisodes (en anglais)

Diffuseur : Canadian Broadcasting Corporation

Compagnie de production : Canadian Broadcasting Corporation (Toronto)

Friendly, Jerome et Rusty, années 1970

Patty et Polly Piper, Angie et Fiddle

1958–1985

Les jours de concert, chats et ratons laveurs accompagnent le gentil géant, Jerome et Rusty avec leurs instruments. Patty et Polly Piper, les ratons laveurs, s'exercent aux bois. Angie la chatte joue le plus souvent de la contrebasse. Fiddle, son frère, est à la batterie. Ces derniers se transforment aussi parfois en artistes jazz.

Patty et Polly Piper

La chatte Angie et son frère Fiddle se transforment en artistes jazz et participent à un concert avec Jerome, Friendly et Rusty, années 1970

MR. DRESSUP

Le merveilleux de la simplicité

Cette émission, c'est surtout la belle complicité de Mr. Dressup (M. Se Déguise), joué par Ernie Coombs, avec l'enfant Casey et le chien Finnegan, qui vivent dans une cabane perchée dans un arbre de sa cour. Plus tard, ce sont Truffles et Chester qu'il traitera comme des amis ou des membres de sa famille. L'émission offre aussi aux enfants l'occasion de chanter des chansons, de bricoler avec des objets du quotidien, de dessiner, de se déguiser et de plonger dans des livres passionnants : des plaisirs tout simples.

1967–1996

Plus de 4 000 épisodes (en anglais)

Diffuseur : Canadian Broadcasting Corporation

Compagnie de production : Canadian Broadcasting Corporation (Toronto)

Mr. Dressup, Casey et Finnegan revêtent les costumes du *Tickle Trunk* (le coffre à chatouilles), années 1980

L'arbre et la cabane perchée de Casey et Finnegan

Ce lieu était la demeure de Casey, un enfant espiègle et curieux, ainsi que du chien Finnegan, toujours silencieux, mais complice. La cabane était un élément central de l'émission, la plupart des scènes d'action s'y déroulant.

Ce décor a été renouvelé en 1986, cédant sa place à un arbre et une cabane plus ergonomiques pour la manipulation des marionnettes. Casey et Finnegan résident maintenant chez Judith Lawrence, leur conceptrice et marionnettiste.

Mr. Dressup, Casey et Finnegan, années 1970

LE MONDE CANADIEN DE SESAME STREET

« Cette émission vous est présentée par la lettre... »

La version canadienne de *Sesame Street*, c'est l'humour désinvolte qui alterne avec le sérieux des apprentissages préscolaires, la découverte de l'alphabet, des chiffres, des formes, mais aussi de la confiance en soi et du sens de l'entraide.

On y rencontre des personnages américains, créations du marionnettiste Jim Henson, comme Elmo, Bert, Ernie et Grover, ainsi que leurs équivalents canadiens : Dodi, la pilote de brousse; Louis, la loutre canadienne-française; et Katie, la très joyeuse jeune fille en fauteuil roulant.

De gauche à droite : Chaos, Dodi, Basil, Louis et Katie dans *Sesame Park*, 1996–2001

Sesame Street Canada/ Canadian Sesame Street/Sesame Park 1970–1996 et 1996–2001

Plus de 2 000 épisodes (en anglais)

Diffuseur : Canadian Broadcasting Corporation

Compagnies de production : Sesame Workshop (autrefois Children's Television Workshop) et Canadian Broadcasting Corporation

Katie, Louis et Basil

1987–2001

Katie est déguisée en princesse. Elle constitue la première marionnette à mobilité réduite de l'histoire de la télévision canadienne. On la voit ici avec un fauteuil roulant électrique.

Louis la loutre, que l'on voit vêtu d'un costume de dragon, aime enseigner de nouveaux mots français à Basil l'ours, qui est aussi son meilleur ami et qui incarne ici un chevalier à l'armure étincelante.

Katie, Louis et Basil

POLKA DOT DOOR

Polkaroo! Polkaroo!

L'émission met en vedette deux personnes coanimant sans flafla qui se déguisent, les peluches Humpty, Dumpty, Marigold et Bear qui sortent de leur coffre au trésor, ainsi que des chansons et des contes.

À l'ouverture de la porte à pois, les enfants découvrent avec émerveillement le nouveau thème du jour. Le jeudi, le jour de l'imagination, la porte s'ouvre sur le fameux Polkaroo, un kangourou fantastique et coloré aux petits cris incompréhensibles, qui prend plaisir à se cacher des personnes animant.

L'émission vise à stimuler la curiosité, la créativité, l'imagination, la dextérité et le désir d'apprendre des enfants. Elle propose un rythme lent et apaisant.

De gauche à droite :
l'animatrice Cindy Cook, Minou, Marigold, Bear, Dumpty, Humpty et l'animateur Johnie Chase participent à une fête dans *Polka Dot Door*, années 1980

1971–1993

Plus de 380 épisodes (en anglais)

Diffuseur principal : TVO

Compagnie de production :
Ontario Education Communications Authority (TVO)

Humpty, Dumpty, Marigold et Bear

Années 1970

Humpty est un œuf de couleur verte. Il est le plus souvent accompagné de Dumpty, son petit frère. Marigold est une poupée aux cheveux roux bouclés, tandis que Bear est un ourson de couleur brune qui porte un nœud papillon ou une cravate.

Ces personnages sont des peluches de bonne dimension, plutôt que des marionnettes. Les animatrices et animateurs de l'émission les font bouger et parler, jouant à faire semblant.

De gauche à droite : Humpty, Bear, Marigold et Dumpty, années 1970

Polkaroo

Années 1970

Polkaroo est le personnage le plus emblématique de l'émission. Son nom est le fruit de la combinaison des mots « *polka dot* » (pois) et « *kangaroo* » (kangourou). Du bout de ses oreilles roses jusqu'à la plante de ses pieds verts duveteux, il est d'apparence éclatée et multicolore. Il s'exprime en pantomimes et répète souvent son nom : « Polkaroo! Polkaroo! » Polkaroo est souvent accueilli sur les airs de « Comment ça va? Que dis-tu? Polkaroo. »

Polkaroo

PASSE-PARTOUT

« Où sont mes amis? Ils sont ici, ils sont ici... »

Passe-Partout, c'est le bonheur de retrouver des fantaisistes très attachants : la délicate Passe-Partout, le boute-en-train et amoureux des mots Passe-Montagne et l'énergique Passe-Carreau. Les personnages accompagnent les enfants dans la découverte de leur corps, de leur vie intérieure et du monde. C'est aussi la joie de retrouver les jumeaux Cannelle et Pruneau dans les petits bonheurs et défis du quotidien. C'est la découverte de la campagne avec le fermier Fardoche et le plaisir de la lecture avec Grand-Mère.

Sorte de *Sesame Street* conçu pour le jeune public québécois, l'émission connaitra un immense succès populaire, à tel point que plusieurs adultes autrefois enfants se disent de la génération *Passe-Partout*.

↑ De gauche à droite : Cannelle, Perlin, Perline et Pruneau, 2020

De gauche à droite : → Perline, Cannelle, Grand-Papa Bi, Pruneau et Perlin, 1977-1979

1977-1992
(avec plusieurs interruptions)
2019-... (nouvelle version)

Plus de 410 épisodes (en français)

Diffuseur principal : Télé-Québec (anciennement Radio-Québec)

Compagnies de production : JPL Productions inc., Les Productions Champlain et Service général des moyens d'enseignement (ministère de l'Éducation du Québec) (1977-1984); Radio-Québec (1987-1992); Télé-Québec et Attraction Images/Productions V (2019-...)

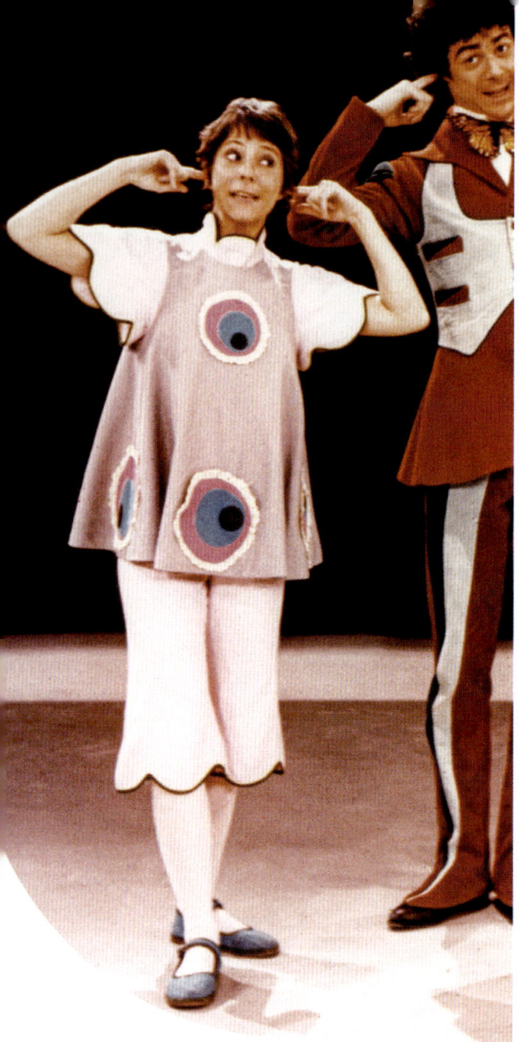

Costume de Passe-Partout (première version)

1977-1985

Le costume de Passe-Partout, porté par la comédienne Marie Eykel, est fait de tissus de couleurs pastel et de motifs ronds qui dénotent la fragilité et la délicatesse de sa personnalité. L'intention première de la costumière Manon Brodeur est de créer un costume plein de fantaisie sans qu'il soit clownesque.

Passe-Partout, 1977-1985

De gauche à droite : Passe-Partout, Passe-Montagne et Passe-Carreau, 2021

Costumes de Passe-Montagne et de Passe-Carreau (nouvelle version)

2021

Passe-Montagne, le personnage le plus expressif, a une apparence soignée. Il porte un veston rouge vin et bleu pâle, ainsi qu'un nœud papillon en forme de vrai papillon. Pour Passe-Carreau, à la personnalité plus énergique, on attribue des couleurs vives et des motifs carrés.

Les costumes contemporains de Passe-Montagne et de Passe-Carreau, portés respectivement par Jean-François C. Pronovost et Gabrielle Fontaine, sont des versions actualisées des costumes originaux de Manon Brodeur.

TAKUGINAI

Regarde ça!

Takuginai (« Regarde ça! », en français), c'est un heureux mélange d'extraits documentaires, de films d'animation et, surtout, de sketchs parfois humoristiques. De jeunes animateurs et animatrices, ainsi que des marionnettes, se partagent l'écran : Johnny le lemming, grand-maman Malaya, grand-papa Isaaci, le garçon de 7 ans Pukki, l'adorable bébé Meesee et le magicien Magic Michael.

L'émission participe à l'apprentissage de la langue inuktitut et de la culture inuit, ainsi que des valeurs sociales et des connaissances traditionnelles, généreusement partagées par les gardiens et gardiennes du savoir inuit. L'émission propose également des rencontres avec des artistes et des Ainées et Ainés de la région.

Il s'agit de la première émission pour enfants entièrement en inuktitut au Canada et de l'émission nord-américaine autochtone ayant la plus grande longévité.

L'équipe de production et certaines des marionnettes de *Takuginai*, de gauche à droite : bébé Kabla, Oloota, Janet Evic, Ul Uakalla, Greenie, Ippiksaut Friesen, Cynthia Pitsiulak, Kuku, Pilot Biscuit Monster, grand-maman Malaya, grand-papa Isaaci, Michael Ipeelie, Pukki, Jacket Monster et Johnny le lemming, 2017

1987–...

Plus de 800 épisodes (principalement en inuktitut)

Diffuseurs : CBC North, Television Northern Canada, APTN et YouTube

Compagnie de production : Inuit Broadcasting Corporation

Johnny le lemming, Amaudla et Mattu

**De gauche à droite :
Mattu, grand-papa Isaaci
et Pukki, 2009**

Johnny le lemming est le personnage principal et souvent l'animateur de l'émission. Parmi les personnages, Johnny est le plus téméraire. Il tente les expériences les plus invraisemblables. À preuve : il a survécu à un vol en ballon météorologique et à l'essai d'une nouvelle coupe de cheveux punk! Mattu, aux cheveux gris hirsutes, est un vieux sculpteur et le meilleur ami du traditionnel grand-papa Isaaci. Amaudla est une animatrice adolescente, curieuse de nature, qui rêve de devenir une grande reportrice.

**Amaudla discute avec
Johnny le lemming, 2007**

LE MONDE D'ANNE

Les âmes sœurs d'Anne

La pittoresque *Anne… la maison aux pignons verts* et la sombre *Anne* relatent les péripéties d'Anne Shirley, une orpheline imaginative et très loquace qui est envoyée comme aide chez les Cuthbert, sur la ferme de Green Gables, à Avonlea, sur l'Île-du-Prince-Édouard. On suit son passage de l'enfance à l'adolescence, ses vagabondages et ses expérimentations avec ses camarades Diana, Jane, Ruby et Gilbert.

Les Contes d'Avonlea se situe en périphérie de l'univers d'Anne et propose les aventures de Sara Stanley, orpheline de Montréal, envoyée chez ses tantes Hetty et Olivia King.

Ces adaptations télévisuelles des romans de Lucy Maud Montgomery ont fini de consolider le statut mythique de ces personnages au Canada et dans le monde.

Anne (Megan Follows), dans Anne… *la maison aux pignons verts*, 1985

Anne… la maison aux pignons verts/Anne… la maison aux pignons verts : la suite

1985 et 1987

6 épisodes (en français et en anglais)

Diffuseur : CBC/Radio-Canada

Compagnie de production : Kevin Sullivan Entertainment

—

Les Contes d'Avonlea

1990-1996

91 épisodes (en français et en anglais)

Diffuseurs : CBC/Radio-Canada et Disney Channel

Compagnie de production : Sullivan Films

—

Anne

2017-2019

27 épisodes (en français et en anglais)

Diffuseurs : CBC/Radio-Canada et Netflix

Compagnies de production : Pelican Ballet et Northwood Entertainment

Costume d’Anne Shirley

Anne, 2017–2019

Ces vêtements d’Anne Shirley, jouée par Amybeth McNulty, exposent ses origines modestes et sa vulnérabilité. C’est une tenue d’automne et d’hiver, portée au quotidien, particulièrement adaptée à son travail sur la ferme des Cuthbert. Anne prendra de l’assurance avec le temps. Alors qu’elle s’intègre mieux dans la communauté d’Avonlea, sa garde-robe prend de l’expansion. Elle incorporera notamment des robes d’apparat pour les grandes occasions.

Costume d’Anne Shirley

← **Sara (Sarah Polley), dans *Les contes d'Avonlea*, 1990–1996**

Anne (Amybeth McNulty), Marilla (Geraldine James) et Matthew (R.H. Thomson), dans *Anne*, 2018–2019 →

L'UNIVERS DE DEGRASSI

« Au secondaire Degrassi, on se trouve très bien comme ça! »

Degrassi Junior High et *Degrassi High* sont centrées sur le monde des adolescentes et adolescents de Toronto provenant de divers milieux et de diverses origines, ainsi que sur leur passage à l'école publique, avec ce qu'elle a de réconfortant et d'angoissant : les amitiés sincères, la découverte de soi, la puberté, mais aussi la peur du rejet, l'intimidation, les médisances et les trahisons.

Créations de Linda Schuyler, on y voit d'authentiques jeunes vivre avec humour et gravité un quotidien tantôt comique, tantôt dramatique. Plusieurs personnages des premières émissions se retrouveront également dans *Degrassi : la nouvelle génération.*

De gauche à droite : Arthur, Caitlin, Scooter, Derek, Yick, Lucy, Joey et Spike dans *Degrassi Junior High*, 1988–1989.

Degrassi* *(Degrassi Junior High)

1987–1989

42 épisodes (en anglais et en français)

Diffuseur : CBC/Radio-Canada

—

Degrassi (Degrassi High)

1989–1991

28 épisodes (en anglais et en français)

Diffuseur : CBC/Radio-Canada

—

Degrassi : la nouvelle génération

2001–2015

385 épisodes (en anglais et en français)

Diffuseurs : CBC/Radio-Canada, TFO et Vrak.TV

—

Compagnies de production :
Playing with Time Inc./Canadian Broadcasting Corporation/PBS WGBH (1987–1991); Epitome Pictures/ Bell Media/TeenNick Originals/Alliance Atlantis/Echo Bridge Entertainment/ DHX Media (2001–2015)

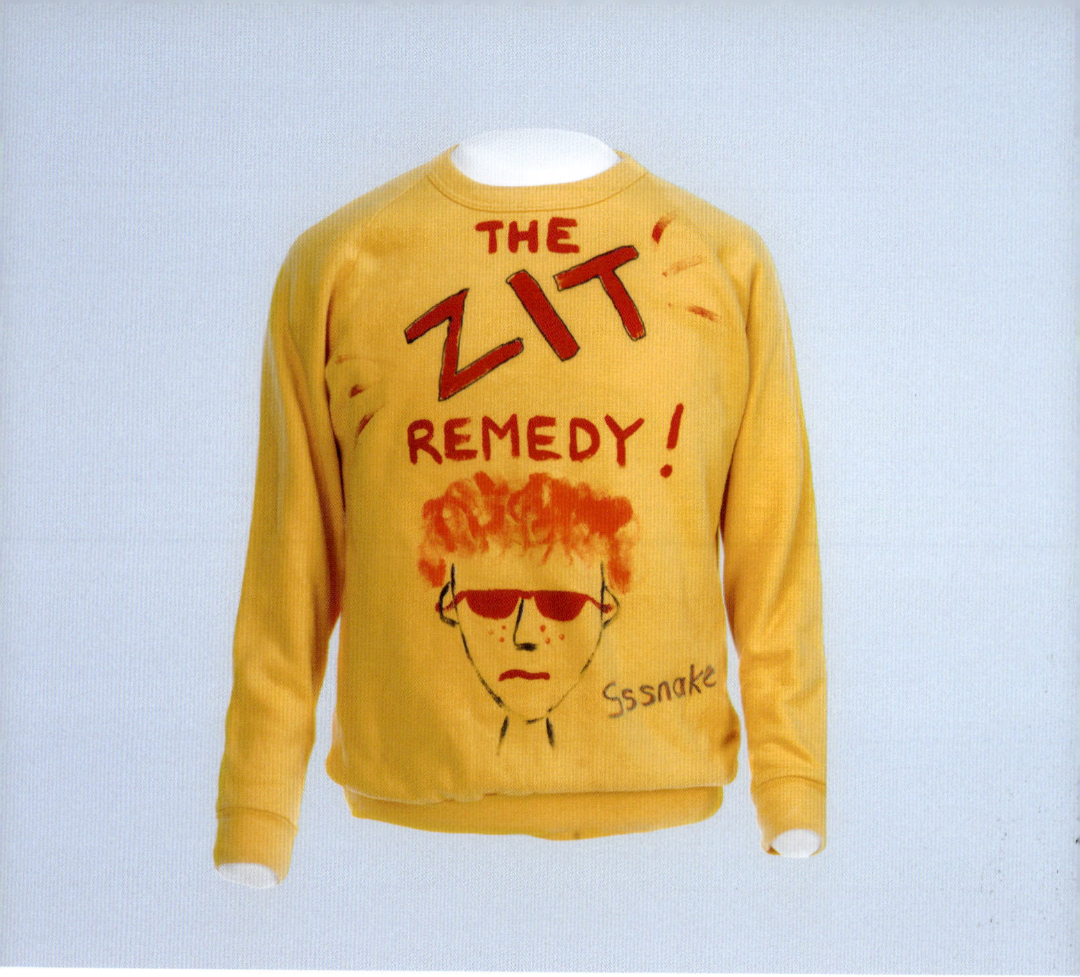

Chandail de Zit Remedy

Veste de l'équipe de natation

Costume de Snake (Archie Simpson)

Degrassi Junior High, 1987–1989

Adolescent, Snake, interprété par Stefan Brogren, est connu comme le grand rouquin rebelle décontracté de Degrassi. C'est lui qui a créé le groupe de musique The Zit Remedy. En font partie ses amis Joey et Derek. Son très cool chandail jaune identifie son appartenance au groupe, avec son visage et son nom (Sssnake). Grand sportif, il excelle dans l'équipe de natation de l'école. Il porte cette veste bleue de l'équipe en dehors de la piscine.

Adulte, il devient enseignant, puis directeur de l'école secondaire Degrassi, son alma mater.

WATATATOW

« C'est toi, c'est moi pis c'est nous autres. Watatatow! »

Dans *Watatatow*, des jeunes de Montréal provenant de toutes sortes de milieux se confient sur leurs « kicks » (béguins) et leurs problèmes existentiels au petit resto chez Allaire. On entre dans l'intimité des familles Couillard (classe moyenne), Laurin (classe ouvrière) et, plus tard, chez Guy, Vincent et Ben, en colocation.

Watatatow, c'est Michel Couillard, le délinquant et attachant musicien rock de bonne famille; Émilie Laurin, mère monoparentale qui en arrache; le tumultueux et colérique Vincent Gauthier; et les « bums » Bérubé et Chicoine.

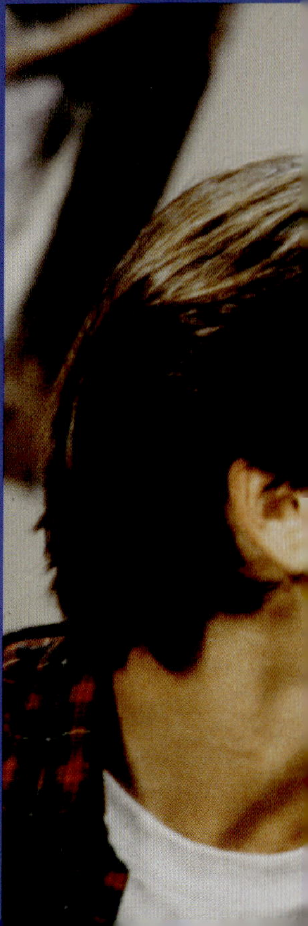

Einstein (Yan England) et Michel Couillard (Hugo St-Cyr) de *Watatatow*, vers 1992

1991–2005

1 220 épisodes (en français)

Diffuseur : Société Radio-Canada

Compagnies de production : Vivavision et Spectel Vidéo inc.

Costume de Michel Couillard

Années 1990

Michel Couillard est un ado cool, un peu rebelle, un peu rockeur. Le jeune public le voit grandir au petit écran et tombe sous son charme. Ses vêtements et accessoires d'allure grunge, volontairement amples et négligés, personnalisés avec des messages de paix et de tolérance, le rendent unique et attachant.

Hugo St-Cyr, le comédien talentueux qui l'incarne, meurt d'un cancer des os en 2015 à l'âge de 36 ans, laissant dans le deuil sa famille, ses amies et amis, ainsi que nombre d'admirateurs et d'admiratrices.

Chemise, jeans, veste, sac à dos et béret de Michel Couillard

JIMI
HENDRIX
PINK
FLOYD
#1
THE
DOORS

TOC TOC TOC

Des personnages aventuriers et audacieux

Le village de Toc Toc Toc est une communauté tissée serré. Malgré les actions de M. Craquepoutte, le grincheux chef de gare, les enfants Youï, Alia, Kao et Zalaé explorent le monde à l'aide du wagon-fusée Magli.

Certaines portes-mystères, qui ne s'ouvrent qu'avec l'exécution d'un drôle de rituel, les mènent à d'autres aventures. Les personnages sont accompagnés par des adultes qui les aident avec bienveillance (Azim, Musette, Babiouche, Rabou) et par Grubule, une coquine souris jaune.

De gauche à droite : Youï, Azim, Alia, Musette, Kao, Babiouche, Zalaé, Rabou et M. Craquepoutte, 2007–2014

2007–2014

525 épisodes (en français)

Diffuseurs : Télé-Québec et Société Radio-Canada

Compagnie de production : Téléfiction inc.

M

Costume de M. Craquepoutte

Toc Toc Toc, 2007–…

On voit ici M. Craquepoutte, interprété par Denis Houle, dans son costume de maitre de poste, qui reflète bien sa personnalité avec ses côtés sévère et autoritaire, malhabile et clownesque. Craquepoutte est aussi le chef de gare, le sonneur de cloches du village et il se prend parfois pour un agent de la paix un peu zinzin qui impose ses propres règles. On l'entend souvent dire : « Attention, dégagez, dégagez! » Malgré la fin de *Toc Toc Toc*, le personnage a poursuivi sa route dans d'autres émissions.

De gauche à droite :
Kao, Alia, M. Craquepoutte, Zalaé et Youï, 2007–2014

DINO DANA

Attention! Un gros dinosaure s'en vient!

Se faire poursuivre par un tyrannosaure rex dans une bibliothèque… Nager avec un spinosaure dans une piscine publique… Rien de plus banal pour Dana, une paléontologue en herbe de 10 ans qui réalise une série d'expériences avec des dinosaures et d'autres animaux préhistoriques grandeur nature.

Avec son Dino-guide de terrain, elle transpose les dinosaures de son imagination dans le monde réel. Personne d'autre ne peut les voir. Cela conduit Dana, sa famille, ses camarades et son voisinage à vivre au quotidien des situations loufoques et des péripéties extraordinaires.

L'émission a connu un grand succès international, notamment à travers sa diffusion sur la plateforme Amazon Prime.

2017–2020

104 épisodes (en anglais et en français)

Diffuseurs : TVO Kids, Knowledge Network, Yoopa et Amazon Prime

Compagnie de production : Sinking Ship Entertainment (Toronto)

Dana part à la rencontre d'un tyrannosaure rex, 2018–2019

Costume de Dana

2017–2020

Dana, interprétée par Michela Luci, est une petite fille follement curieuse et aventurière. Elle imagine toutes sortes de créatures préhistoriques qu'elle transpose dans le monde réel. Son objectif : mieux comprendre leurs comportements.

Ses vêtements sont le parfait ensemble d'une jeune paléontologue exploratrice. S'y ajoutent des déguisements qui lui permettent de ressembler à l'espèce qu'elle examine. Sur son costume principal, on voit ici une capuche tricotée, les griffes, un sac à dos et une queue de tyrannosaure rex. Ce sont tous des éléments conçus par son beau-père, Aman.

LA PAT' PATROUILLE

« La Pat' Patrouille part en mission! »

Ryder, 10 ans, est à la tête d'une bande de chiots premiers répondants qui assument des fonctions calquées sur de vrais emplois. De leur base de Grande Vallée, le groupe s'embarque dans des missions difficiles. Les compétences de sauvetage de tous et toutes sont mises à contribution : Chase est un courageux policier, Marcus est un pompier et ambulancier compétent, Stella est une efficace pilote d'hélicoptère, Rocky est un ingénieux réparateur et recycleur, tandis que Ruben est un chiot constructeur et Zuma se charge des sauvetages aquatiques.

De gauche à droite : Stella, Rocky, Zuma, Ryder, Chase, Ruben, Everest, Marcus et Tracker, 2020

2013–...

196 épisodes (en anglais et en français)

Diffuseurs : TVO, Télé-Québec, Knowledge Network, City Saskatchewan, Netflix et Crave

Compagnies de production : Spin Master Entertainment, Nickelodeon Animation Studios, avec des animations de Guru Studios

De personnages de télé à jouets

Dès 2010, les équipes de divertissement et de conception de Spin Master entreprennent l'élaboration des animations et des prototypes de jouets pour les chiots de la Pat' Patrouille et leurs véhicules d'urgence « transformateurs ». L'émission, destinée à un public préscolaire élargi, prend sa forme définitive à partir de 2013.

C'est l'émission canadienne pour enfants qui a connu le plus grand succès mondial. Plus de 160 pays ont acquis des droits de diffusion dans pas moins de 30 langues.

Prototypes de Marcus

Prototypes de Marcus et Chase

Le prototype de Marcus, le pompier gaffeur, a été fait à la main en 2012. Il explorait le concept de sac à dos qui se transforme et fait suite à la décision de mettre des chiots-héros au centre de l'émission. Il possédait des formes arrondies. Sa version finale, simplifiée et plus petite, possède des formes plus angulaires, des taches irrégulières et comprend un véhicule de pompier transformateur.

Une version prototype non peinte de Chase, le policier sympathique, propose un sac à dos qui se transforme, dont l'ouverture est actionnée par le mouvement d'une patte avant. Le deuxième prototype, plus proche de la version finale, a été réalisé grâce à une imprimante 3D, à l'échelle, en utilisant les fichiers d'animation de l'émission. La troisième figurine correspond au prototype final.

Prototypes de Chase

L'ÉVOLUTION DE NOTRE EXPÉRIENCE DE LA TÉLÉVISION

Notre expérience de la télévision pour enfants a évolué depuis 70 ans. Que ce soit ensemble dans la salle familiale ou séparément dans nos chambres, sur un petit téléviseur noir et blanc ou sur un cellulaire en déplacement, le samedi matin ou au retour de l'école, en direct ou sur demande, elle s'inscrit dans notre quotidien.

Revoyez ici quelques-uns des changements sociaux et technologiques qui ont transformé à jamais notre rapport à la télévision et aux émissions pour enfants.

LES DÉBUTS

1946–1965

1946

Le téléviseur, avec son petit écran noir et blanc de moins de 50 centimètres (20 pouces), commence à s'installer dans le salon des foyers canadiens et remplace la radio au centre de la pièce.

1952

Début de la télévision canadienne avec le lancement des premières stations de CBC/Radio-Canada à Montréal et à Toronto. Des émissions pour enfants sont diffusées pour la première fois. Les enfants regardent leurs émissions au retour de l'école.

Milieu des années 1960

La présentation de dessins animés le samedi matin devient récurrente.

UNE TÉLÉVISION PLUS ÉDUCATIVE

1966–1978

1966

Début de la télédiffusion en couleur au Canada. Cout d'acquisition d'un téléviseur couleur : 6 900 $, en dollars constants.

Les enfants continuent de regarder leurs émissions au retour de l'école et ceux et celles d'âge préscolaire, les matins de semaine.

1968–...

Des télévisions publiques provinciales proposent de nouvelles émissions éducatives destinées aux enfants : Radio-Québec (1968, qui deviendra Télé-Québec), OECA (1970, qui deviendra TVO) et Access (Alberta, 1973).

DES CHAINES SPÉCIALISÉES POUR ENFANTS

1979–1998

Fin des années 1970

Le téléviseur est vendu comme un objet à la fine pointe de la technologie. Son usage se démocratise; il s'installe dans de nombreuses pièces de la maison.

L'accès élargi aux magnétoscopes et vidéocassettes permet aux enfants d'enregistrer leurs émissions et de les regarder au moment de leur choix.

1982

Quelque 60 % des ménages canadiens ont accès au câble, permettant aux enfants d'avoir une offre d'émissions très diversifiée à toute heure du jour.

1986–...

Lancement de La Chaîne française (1987, plus tard TFO, Ontario), YTV (1988), Family Channel (1988, maintenant Family), Canal Famille (1988, plus tard Vrak.tv, Québec) et Television Northern Canada (1992, plus tard APTN), le premier télédiffuseur autochtone canadien.

L'ÈRE NUMÉRIQUE

De 1999 à aujourd'hui

1999

Lancement de la télévision numérique au Canada. Disponibilité de la télévision par satellite, par câble et par Internet (télévision IP). Début de la télévision sur demande.

2003

Les téléviseurs plats et en haute définition grand format sont plus largement disponibles. Ils proposent une expérience immersive dans les émissions, en famille ou en solo.

2005–...

Les supports donnant accès à la télévision (ordinateurs, téléphones, tablettes, etc.) et les plateformes de diffusion Web continue se multiplient. Les enfants y ont souvent recours pour visionner des émissions et, avec l'aide des parents, en viennent à établir leur propre programmation. Leur exposition à la télévision n'a jamais été aussi forte.

APPRENONS QUELQUE CHOSE ENSEMBLE

Les émissions canadiennes pour enfants, c'est le plaisir dansant et chantant d'apprendre des matières scolaires et de saines habitudes de vie.

C'est aussi une prise de contact avec les émotions qui nous habitent, avec les adultes qui nous entourent, et l'importance de l'entraide et de l'amitié.

UNE PRÉPARATION À L'ÉCOLE

Depuis ses tout débuts, la télévision contribue à forger une attitude positive chez les enfants par rapport à l'école, leur inspirant le désir et le plaisir d'apprendre.

Elle les prépare à leur entrée à l'école. Dans la joie du bricolage, de la danse et des chansons, elle les accompagne dans l'apprentissage des lettres, des chiffres et des couleurs, ainsi que dans l'acquisition de compétences en lecture, en écriture, en mathématiques, en géométrie et en histoire.

The Friendly Giant ↓

↑ **Polka Dot Door**

↑ **La Souris verte**

Cornemuse →

DE SAINES HABITUDES DE VIE

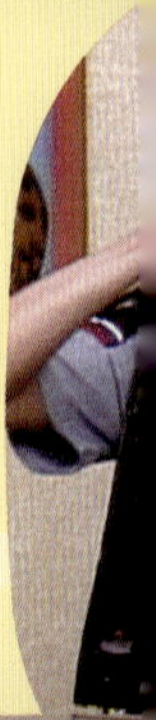

Mr. Dressup →

Les émissions pour enfants mettent l'accent, à travers le jeu et le plaisir, sur une saine alimentation, l'hygiène dentaire et l'activité physique.

Dès les débuts de la télé, on incite les enfants à consommer plus de fruits et de légumes et moins d'aliments sucrés. Le brossage des dents devient un thème récurrent dans les années 1970. Quant aux exercices physiques, ils gagnent en importance dans les émissions à partir des années 1980, à la faveur de la préoccupation grandissante de rendre les enfants plus actifs et actives.

Passe-Partout →

↑ Today's Special

← Anaana's tent

← Takuginai

LES RAPPORTS PARENTS–ENFANTS

La télévision pour enfants propose aux adultes différentes façons de devenir de « bons parents », selon les normes et les tendances qui émergent à partir des années 1950 et 1960.

Elle montre des enfants qui obéissent sagement à des parents au style autoritaire et aux valeurs plus traditionnelles. Mais elle présente aussi des parents davantage au diapason des théories du développement de l’enfant, au style permissif et égalitaire, qui s’engagent dans la transparence et le respect mutuel.

Les Cadets de la Forêt →

Un père autoritaire indifférent aux besoins émotionnels de son enfant.

Caillou →

Des parents à l'approche plus permissive, qui ne fixent pas de balises ou de conséquences.

← **Passe-Partout**

Des parents qui tentent de répondre avec cohérence aux besoins de leur fille en ne dérogeant pas aux règles établies.

↑ **Benjamin**

Des parents égalitaires, qui ont une communication ouverte avec leur fils.

← **Takuginai**

Une grand-mère inuit chante une chanson rassurante.

QUE D'ÉMOTIONS!

Dès les années 1970, les émissions apprennent aux enfants à nommer leurs émotions et à les exprimer de façon saine.

S'inspirant des conseils de pédagogues et de psychologues, on enseigne aux enfants à extérioriser leurs émotions pénibles, comme la colère, la peur et l'anxiété, souvent auprès d'un être cher qui pourra les rassurer et les calmer. L'autogestion des émotions sera ensuite en vogue : on leur proposera de dialoguer avec leur voix intérieure et d'appliquer des techniques de relaxation.

← ***Passe-Partout***

Pruneau se fait réconforter par son père Perlin à la suite d'un cauchemar.

← ***Arthur***

Lumière (Brain) respire lentement et profondément pour vaincre sa peur du vent.

↑ ***Wapos Bay***

Malgré ses frustrations et son frère Talon qui tente de la décourager, Raven persévère à apprendre à siffler.

← ***Canadian Sesame Street***

Louis avoue à Basil qu'il l'aime, malgré sa peur d'être jugé.

LE MEILLEUR DES ENFANTS

Degrassi Junior High →

L'importance du travail d'équipe

Qu'elles soient éducatives ou avant tout divertissantes, les émissions canadiennes pour enfants font ressortir des comportements sociaux à reproduire.

Elles mettent de l'avant l'importance des liens d'amitié et du travail d'équipe. Elles cultivent le sens du partage et de l'équité par rapport aux autres. Elles insistent sur le respect et l'acceptation empathique des différences. Elles encouragent les enfants à se montrer à leur meilleur.

Canadian Sesame Street →

Le sens de l'entraide

Le monde de Loonette
(en haut) et
La Pat' Patrouille
(en bas)

L'amitié

IMAGINONS DES MONDES NOUVEAUX

Les émissions canadiennes pour enfants, c'est la découverte de mondes fantastiques et la rencontre de nos personnages préférés, qui sont des passeurs d'imagination.

C'est l'exploration de mondes inédits, que ce soit sous la mer, autour du monde ou dans l'espace. Ce sont des rires, des peurs et des frémissements d'excitation. Un sentiment d'impatience qui ne nous quitte jamais dans la découverte de nouvelles aventures.

Kalinelle et Francolin (Serge L'Italien), 1969

Costume de Kalinelle

Les Oraliens (Radio-Québec), 1969–1970

Kalinelle, interprétée par Lisette Anfousse, est une petite extraterrestre qui, accompagnée de son frère Picabo, atterrit au Québec dans son vaisseau spatial. Comme son frère, elle a la capacité de se téléporter instantanément et possède « la magie du mot » : il lui suffit de prononcer correctement le nom d'une chose, d'un être ou d'un évènement pour en prendre le contrôle.

L'émission avait pour objectif d'apprendre aux enfants la compréhension et l'utilisation spontanée de près de 3 000 mots.

Costume du Capitaine Cosmos

Les Satellipopettes (TVA), 1978–1987

« Que la force soit avec toi! » C'est avec cette expression de l'univers de *La Guerre des étoiles* que le Capitaine Cosmos, incarné par Claude Steben, accueille les jeunes satellipopettes. Vêtu d'un habit argenté, qui évoque celui d'un astronaute du futur, il est l'animateur d'un populaire jeu de questions et d'adresse opposant des élèves de deux écoles primaires.

Lorsqu'une équipe gagne, elle remporte un ou des morceaux en vue de construire son robot. Aujourd'hui, l'expression « Deux morceaux de robot » est encore employée au Québec pour signifier que l'on a obtenu la bonne réponse à une question.

Le capitaine Cosmos fait la gestuelle qui accompagne l'expression « Que la force soit avec toi », années 1980

De gauche à droite: Sharon, Elephant, Lois et Bram chantent et dansent avec des enfants, années 1980

Costume d'Elephant

The Elephant Show/Sharon, Lois and Bram's Elephant Show (Canadian Broadcasting Corporation), 1984–1989

Elephant vit avec Sharon, Lois et Bram. Il accompagne les artistes de cette émission, populaires auprès des enfants, avec ses danses et ses instruments de musique. C'est aussi un animal bouffon qui est au centre de toutes sortes de situations burlesques. Il parle à travers les intonations d'un tuba.

Miroir de *Romper Room*

Romper Room/Romper Room School/Romper Room and Friends (CTV), 1963-1992 (version canadienne)

Ce miroir magique permet à l'animatrice Fran Pappert de voir les enfants à la maison : « Dis-moi, dis-moi, je t'en prie, Miroir magique, dis-moi si, en jouant, tous mes amis se sont amusés aujourd'hui! », demande-t-elle.

Dans le cercle du miroir sont projetés des effets spéciaux magiques. L'animatrice nomme alors des enfants qui regardent l'émission. Beaucoup d'adultes ayant suivi l'émission durant leur enfance se rappellent que leur prénom a été prononcé, tandis que d'autres regrettent de n'avoir jamais entendu le leur.

Grâce à son miroir magique, l'animatrice Fran Pappert regarde les enfants à la maison, années 1980

Costume de
Fred Penner et Word Bird

Costume de Fred Penner et Word Bird

Fred Penner's Place (Canadian Broadcasting Corporation), 1985–1997

Tout juste sorti d'un arbre creux, le musicien et comédien Fred Penner accueille les enfants dans un cadre forestier intime et calme. Avec ses yeux pétillants de bienveillance, il leur chante des chansons, guitare à la main, sur les thèmes de l'entraide et du dépassement de soi. Il est souvent accompagné, dans son sac à dos, de Word Bird, son plus fidèle compagnon, un genre de perroquet jaune qui enseigne les chiffres, les lettres et propose un nouveau mot du jour.

Costume de Cornemuse

Cornemuse (Télé-Québec), 1999-2003

Cornemuse, incarnée par Danielle Proulx, est une chienne vétérinaire. Elle enseigne la douceur et la patience aux enfants pour les aider à surmonter leurs difficultés. Elle est entourée de quatre enfants-animaux et de leurs familles : Kounga le kangourou, Bagou le singe, Rafi la ratonne et Tibor le tigre.

L'émission *Cornemuse* était spécialement conçue pour les enfants de 3 à 5 ans. Elle visait à enseigner l'importance du partage, du jeu et de l'amitié.

De gauche à droite : Kounga, Bagou, Rafi et Cornemuse, 1999-2003

Les arts de la marionnette à la télévision

Tout droit sortis de mondes imaginaires des émissions pour enfants, des personnages prennent vie sous nos yeux. Ce sont des marionnettes. Dans l'ombre, des artisans et artisanes les conçoivent, les fabriquent, les manipulent et leur prêtent leurs voix. Qu'elles soient à fils, à gaine ou à gueule et à tiges, la magie télévisuelle opère : on les croit réelles, vivantes.

Le marionnettiste John Conway manipule Hollyhock et Uncle Chichimus dans un studio de la Canadian Broadcasting Corporation, à Toronto, 1952

Pépinot et Capucine

Pépinot et Capucine/Pépinot
(Radio-Canada/CBC), 1952-1957

Ces personnages appartiennent à la première émission jeunesse canadienne. Pépinot est un héros frondeur et Capucine, sa sœur, est astucieuse et protectrice. M. Blanc, un cordonnier lunatique, M. Potiron, un homme d'affaires, et l'Ours, l'animal de compagnie de Pépinot rendu célèbre par ses « menoum, menoum », les aident.

Le duo s'oppose au vilain Pan-Pan, qui finit toujours par perdre et être repentant. Leurs aventures rocambolesques ont été présentées d'abord à un auditoire francophone, puis au public anglophone deux ans plus tard.

Capucine et Pépinot, 1952-1957

Uncle Chichimus et Hollyhock

Let's See (Canadian Broadcasting Corporation), 1952-1953
Uncle Chichimus/Uncle Chichimus Tells a Story (Canadian Broadcasting Corporation), 1953-1955
The Adventures of Chich (Canadian Broadcasting Corporation), 1957-1959

Uncle Chichimus et Hollyhock accompagnent aussi l'arrivée fracassante de la télévision au Canada.

Chichimus est un homme chauve en veston cravate aux tendances aristocratiques, aux manières excentriques, tout à la fois bourru, imprudent et maladroit.

Il est accompagné de Hollyhock, sa nièce au nez pointu et à la longue queue de cheval, qui aspire à devenir actrice et qui est aussi sa femme de ménage et sa secrétaire. Elle est celle qui le ramène à la raison lorsqu'il conçoit des projets un peu farfelus.

Tom Kneebone, Uncle Chichimus et Hollyhock dans *The Adventures of Chich*, 1957-1958

Fitzgerald Fieldmouse (le mulot)

Maggie Muggins (Canadian Broadcasting Corporation), 1955-1962

Tout un monde fantastique d'animaux parlants peuple l'imaginaire de Maggie Muggins, petite fille rousse aux longues tresses. Les animaux se lancent souvent dans des aventures rocambolesques. Fitzgerald le mulot, le plus téméraire, élabore des plans audacieux; Benny l'ours est plus prudent et accepte souvent les plans à contrecœur, au même titre que Reuben le lapin, hésitant et craintif; Léo le lion est la plupart du temps le naïf du groupe.

Les marionnettistes Linda et John Keogh manipulent grand-maman la grenouille et Fitzgerald le mulot, années 1950

Basil the Beagle (le beagle)

Hi Diddle Day (Canadian Broadcasting Corporation), 1967–1976

Des personnages hétéroclites vivent dans la petite communauté canadienne de Crabgrass, dont sa très fonceuse et extravagante mairesse, Gertrude Diddle. Dans l'ancienne maison victorienne, on trouve Granny Diddle, une vieille dame fougueuse, l'enthousiaste et curieux Basil, le chien beagle, et Durwood, le dragon, son ami plein d'esprit.

Basil fut la première marionnette professionnelle conçue et fabriquée par la prolifique et primée Noreen Young, une artiste née à Ottawa qui vit maintenant à Almonte, en Ontario.

De gauche à droite : Durwood le dragon, Basil le beagle, Granny Diddle, Gertrude et Wolfgang Von Wolf (le loup), années 1970

Suzie

Chez Hélène
(Canadian Broadcasting Corporation),
1959-1973

Suzie la souris habite dans la maison d'Hélène Baillargeon, l'animatrice de *Chez Hélène*. Curieuse et enthousiaste, elle se tortille d'excitation pour tout ce qui lui arrive.

Anglophone, représentant les enfants de l'auditoire, Suzie apprend de nouveaux mots en français auprès de l'animatrice. Tout cela sert bien cette émission bilingue qui vise l'apprentissage du français chez les jeunes enfants anglophones d'âge préscolaire.

Hélène Baillargeon et Suzie la souris, années 1960

De gauche à droite : Fergus, Marie-Soleil et Samuel, 1984-1997

Fergus

Marie-Soleil
(Mid-Canada, CTV et YTV),
1984-1997

Fergus est un chien raffiné, posé, intellectuel. Anglophone, il dialogue et chante avec la toujours aimante et passionnée Marie-Soleil (Suzanne Pinel), qui parle français, et l'expressif clown Samuel, qui parle une langue des signes improvisée.

L'émission met en valeur l'apprentissage du français par la chanson. Suzanne Pinel, une éducatrice et chanteuse pour enfants, est devenue une véritable idole pour le jeune public franco-ontarien, mais aussi pour bien d'autres francophones et anglophones du pays.

Muffy Mouse (la souris) et Sam Crenshaw

Today's Special (TVO), 1981–1987

Un magasin à rayons de Toronto abrite un personnage fantastique : Muffy, une souris malicieuse et poète qui parle en rimes, joue du piano et porte un élégant boa de plumes. C'est elle qui récite les paroles magiques « hocus pocus alimagocus » qui permettent à Jeff, un mannequin inanimé, de prendre vie. Il y a aussi Sam Crenshaw, le très amorphe, grognon et vieil agent de sécurité du magasin, ainsi que madame Pennypacker, une employée très enthousiaste qui gère les stocks du magasin.

De gauche à droite : Jodie (Nerene Virgin), Sam, Muffy, Jeff (Jeff Hyslop) et Nina Keogh, la marionnetiste, années 1980

De gauche à droite : Boober, Mokey, Gobo, Red et Wembley, 1983-1987

Mokey

Fraggle Rock (CBC/Radio-Canada), 1983-1987 (version nord-américaine)

Mokey est la philosophe optimiste, l'artiste et la cheftaine des Fraggles, ces êtres qui vivent sous terre et qui passent leur temps à s'amuser. Elle aime réciter des poèmes à ses camarades, bien que le plaisir ne soit pas toujours partagé.

La production au succès mondial *Fraggle Rock* a employé plusieurs marionnettistes d'origine canadienne, dont Bob Stutt, Cheryl Wagner, Gord Robertson, Rob Mills, John Pattison et Trish (Patricia) Leeper.

Gloria Gopher (la gaufre), Iggy the Iguana (l'iguane) et Jacob the Blue Jay (le geai bleu)

Sous l'arbre parasol
(Canadian Broadcasting Corporation, Disney Channel et Canal Famille), 1986–1995

Des enfants-animaux parlants partagent une maison située sur la rue Spring, en banlieue d'Ottawa, où pousse un grand arbre parasol. Il y a Gloria, une gaufre aux grands yeux noirs, qui est sportive et artistique; Iggy l'iguane, guitariste, blagueur et parfois imbu de sa personne; et Jacob le geai bleu, le gaffeur du groupe, qui provoque souvent des situations loufoques. Holly, une humaine, est leur amie, mais surtout la figure parentale qui encadre ces colorés colocataires.

De gauche à droite : Holly (Holly Larocque), Jacob the Blue Jay (le geai bleu), Gloria Gopher (la gaufre, à l'arrière) et Iggy the Iguana (l'iguane), 1986–1995

Bibi

Bibi et Geneviève (Canal Famille), 1988-1993

Bibi Z99944X est un extraterrestre aux cheveux verts qui est issu de la planète XY1000Z. De passage pour étudier la Terre, il s'installe chez Geneviève, son hôtesse. Le duo apprivoise ses différences et développent une belle amitié.

Le marionnettiste Michel Ledoux contrôlait seul Bibi, manipulant sa bouche d'une main et ses bras de l'autre. Remarquez le nez plutôt caricatural de Bibi.

Bibi et Geneviève (Sophie Dansereau), 1988-1993

Molly, Fuzzy et Wuzzy

Le Monde de Loonette
(YTV, Treehouse TV,
Canal Famille et Vrak.tv),
1992–1996, 2002 et 2006

La jeune clown Loonette, une habile danseuse, est toujours accompagnée de sa poupée Molly, petite fille aphone qui s'exprime par des hochements de tête et des phylactères (bulles). Elle lui confie ses états d'âme, ses frustrations.

Sous son gros canapé, cachés, se trouvent Fuzzy et Wuzzy, les jumeaux « dustbunnies » (lapins de poussière/moutons de poussière), deux créatures hyperactives aux cris stridents, qui vivent toutes sortes d'aventures qui les mettent en danger.

↑ Molly et Loonette (Taborah Johnson) lisent un livre ensemble, 1992–1996

↓ Fuzzy et Wuzzy sous le gros canapé de l'émission, 1992–1996

Ohkwá:ri et O:nenhste

Tóta tánon Ohkwá:ri (Kahnawà:ke Cable Network et YouTube), 2004-...

Ohkwá:ri est un petit garçon curieux et exubérant. Il est membre du clan de l'Ours, une appartenance qui lui a été transmise par la lignée matrilinéaire de sa grand-mère, Tóta. Il profite de la présence de celle-ci pour lui poser de nombreuses questions sur les mœurs, les coutumes et les légendes de sa communauté, auxquelles elle se fait un plaisir de répondre. Il s'agit des deux personnages principaux et originaux de la série.

D'autres personnages se sont ajoutés au fil des saisons. Ó:nenhste (maïs), Osaheta tánon (fève) et Onon'onsera (courge) représentent les trois cultures nourricières mohawks, les trois sœurs. Trois cultures qui croissent ensemble de manière optimale. Trois cultures au cœur des pratiques culturelles mohawks.

Fruit d'un véritable travail communautaire, l'émission a pour objectif principal de mettre les enfants d'âge scolaire en contact avec la langue mohawk (Kanien'kehá) et les traditions de la Première Nation Kanien'kehá:ka de Kahnawà:ke (Québec). De faire en sorte que cette génération retrouve une vision positive de sa propre identité, un sentiment de fierté.

L'ensemble des personnages de *Tóta tánon Ohkwá:ri*, années 2010

EXPLORONS NOS VALEURS

Les émissions canadiennes pour enfants reflètent, (re)définissent nos valeurs et nos symboles.

Elles ont un impact sur nous, façonnent notre enfance. Elles présentent les enjeux de notre société et, plus récemment, l'importance de l'acceptation et de la célébration des différences. Elles montrent qui nous étions, qui nous sommes et qui nous pourrions devenir.

Retrouvez ici certaines des citations les plus marquantes de nos collaborateurs et collaboratrices.

« Pour les gens parmi nous qui sont marginalisés, il est vraiment important que les enfants nous voient en tant qu'individus, et non pas regroupés et stéréotypés dans un groupe. De nous voir, d'apporter notre être tout entier [...] et de construire un sentiment d'appartenance. »

— **NERENE VIRGIN**
Consultante en diversité et inclusion, conférencière et animatrice de l'émission *Today's Special*

« J'ai l'impression que nous vivons à une époque vraiment intéressante, où il y a probablement beaucoup de communautés comme Kahnawà:ke qui créent leurs propres productions [...], il y a tellement d'excellents programmes autochtones avec des valeurs de production élevées qui attirent l'attention des enfants. »

— **MARION DELARONDE**
Directrice artistique, Kanien'kehá:ka Onkwawén:na Raotitióhkwa Language and Cultural Center, et l'une des créatrice de l'émission *Tóta tánon Ohkwá:ri*

« Avec *Takuginai*, les enfants inuit s'identifient à ce qui se passe [...], c'est leur environnement, leurs principes, des gens qui parlent dans leur langue. Cette émission a montré aux enfants que les raisons sont nombreuses de se voir avec fierté. »

— **MANITOK THOMPSON**
Cheffe de direction, Inuit Broadcasting Corporation, et conseillère pédagogique sur *Takuginai*

« Il n'y a pas un handicapé pareil. Il faut montrer la diversité. Il faut montrer qu'on est brillant, qu'on est cool, qu'on rit [...]. Le monde des enfants, c'est aussi des personnages fantastiques. Il faut montrer qu'on est courageux, qu'on peut aussi être des superhéros. »

— **DAVE RICHER,**
Comédien et conférencier québécois

« La télévision pour enfants est le parfait reflet de la perspective de la société sur le genre. Non seulement elle renforce les stéréotypes, mais c'est un outil pour examiner des idées plus progressistes [...], il est temps de découvrir quels individus sont inclus. »

— **BRENDA KAMINO**
Comédienne, enseignante, metteuse en scène et activiste culturelle de Toronto

« Où sont les personnes trans, non binaires et queers? Ces personnes existent dans nos communautés, dans nos sociétés, dans nos familles. Iels sont vraies, réelles. Les "kids" sont prêts à apprendre du vrai. Les "kids" sont "smart", les "kids" sont ouverts. »

— **XAVIER GOULD**
Artiste multidisciplinaire queer et acadien

« Je pense que c'est tellement important pour nos enfants d'avoir la chance d'apprendre une autre langue [...] et aussi de partager l'essence de notre culture avec d'autres enfants. »

— **SUZANNE PINEL**
Éducatrice, chanteuse et animatrice franco-ontarienne de l'émission *Marie-Soleil*

« Quand on regarde l'industrie canadienne de la télé, il y a 50 % des productions qui sont québécoises. C'est exceptionnel de voir la quantité, le côté riche, créatif, imaginatif qu'on retrouve dans les émissions pour enfants québécoises et cela, sur 70 ans d'histoire. »

— **OLIVIER CÔTÉ**
Conservateur des médias et des communications, Musée canadien de l'histoire

AU REVOIR, À BIENTÔT...

C'est maintenant le temps de dire adieu aux personnages des émissions de notre enfance. Ou plutôt « à bientôt », puisqu'ils nous habitent encore. Ils ont fait et font toujours partie de notre quotidien à la maison, en famille. Et ils participent encore à notre compréhension de qui nous sommes.

Il y a un peu de moi, de toi et de nous dans les émissions de télé pour enfants.

CONTRIBUTIONS

Nous tenons d'abord à remercier les membres de l'équipe principale de l'exposition **De *Pépinot* à *La Pat' Patrouille*MD – Notre enfance télévisuelle** : Chantal Baril, Sophie Doucet, Carolyn Lecorre, Steve Levesque, Guillaume Lord, Pamela Peacock, Dominique Savard et Valérie Wagner.

Nous faisons également de chaleureuses accolades aux collègues et recherchistes qui nous ont prêté mainforte au fil du projet : Laurence Beaumier-Breton, Kenn Bingley, Louis-Antoine Blanchette, Lise Treau de Coeli, Brenna Cook, Steven Darby, Dave Deevey, Éric Dussault, David Fingland, Emma Gauthier-Mamaril, Xavier Gélinas, Gar Lam, Emily Lin, Jennifer Ann Mills, Jennifer Millar, Jem Pellerin, Raphaël Pelletier, Sarah-Émilie Plante, Christine Quinn, Prudence Rajaobelina, Patrice Rémillard, Meghan Schreiner, Alison Smith-Welsh, Taylor Starr, France Therrien, Marie Trouïs, Stéphanie Verner et Jimmy Youssef. Nous remercions particulièrement Kerri Davis, Robyn Jeffrey, Shannon Moore, Rachel Rouleau et Pascal Scallon-Chouinard pour la production de ce catalogue-souvenir.

De nombreuses personnes ont également contribué à notre réflexion sur la représentation des genres et des groupes minoritaires et marginalisés : Marion Delaronde, Xavier Gould, Brenda Kamino, Suzanne Pinel, Dave Richer, Manitok Thompson et Nerene Virgin. Nous les en remercions.

Un grand merci aux trois membres du comité consultatif sur la diversité et l'inclusion pour leurs commentaires éclairés, qui ont considérablement enrichi le contenu de l'exposition : Jennifer Brant, Josette Brun et Yasmin Jiwani.

Nous exprimons aussi notre gratitude envers les organisations et les individus qui ont accepté de nous prêter des objets de leurs collections, particulièrement : Karine Brisson et Théo Martin de Bibliothèque et Archives Canada; Hélène Breau-Cluney de Radio-Canada; Cybèle Carette de Télé-Québec; Kevin D'Innocenzo de TVO; Luc St-Amand du Musée de la civilisation; Stacy McLennan du Ken Seiling Waterloo Region Museum; Karine Rousseau du Musée McCord; Melanie Davie et Mona Sandy de l'Inuit Broadcasting Corporation; Sushima Assi de Spin Master; Alexis Grieve de Sinking Ship; Martine Quinty de Téléfiction; Yanique Leonard du Centre for Puppetry Arts (Atlanta); Jérôme Corbeil de Megafun; Jessica Fitzpatrick de Boat Rocker Media; Sarah Quan de Northwood Entertainment; Fred Penner, Claude Steben, Stefan Brogren, ainsi que les marionnettistes Nina Keogh, Michel Ledoux, Cheryl Wagner et Noreen Young. Un grand merci également aux prêteurs et prêteuses qui ont préféré conserver l'anonymat.

SOURCES DES PHOTOS

Couverture	(de gauche à droite) : CBC (Toronto) | Office national du film et Wapos Bay Productions Inc. | Karine Dufour, © Télé-Québec | Radio-Canada (Montréal) | MD & Spin Master Ltd., tous droits réservés
10-11	(en ordre de numérotation) © Télé-Québec | TVO | Inuit Broadcasting Corporation | CBC (Toronto) | CBC (Toronto) | Radio-Canada (Montréal) | Collection privée | Radio-Canada (Montréal) | Sinking Ship Entertainment | Jean-François Bérubé, Téléfiction | MD & Spin Master Ltd., tous droits réservés | Radio-Canada (Montréal), © Sullivan Entertainment Inc. | CBC (Toronto) | Karine Dufour, © Télé-Québec | TVO
13	(de gauche à droite puis de haut en bas) Radio-Canada (Montréal) | Radio-Canada (Montréal) | CBC (Toronto) | CBC (Toronto) et Sesame Workshop | © Télé-Québec | Inuit Broadcasting Corporation | Avec l'aimable autorisation de Northwood Entertainment | Avec l'aimable autorisation de WildBrain Ltd. | Radio-Canada (Montréal) et Vivavision Inc. | Jean-François Bérubé, Téléfiction | MD & Spin Master Ltd., tous droits réservés | Musée canadien de l'histoire 2022-0136-0001 | CBC (Toronto) | Sinking Ship Entertainment
14-15	Radio-Canada (Montréal)
16	Photo : © André Le Coz, Cinémathèque québécoise | Artéfacts : Musée de la civilisation, 2012-45-1 à 6
17	Photo : Steven Darby, Musée canadien de l'histoire 2022-0102-0021, avec l'aimable autorisation de Christiane Cailloux et des filles de Michel Cailloux | Artéfact : Musée de la civilisation, 2018.59.63
18-19	Radio-Canada (Montréal)
20	Photo : Radio-Canada (Montréal) | Artéfacts : Musée de la civilisation, 2012-45-7-1 à 4
21	Photo : Radio-Canada (Montréal) | Artéfacts : Musée de la civilisation, 2012-45-26 1 à 7
22-23	Photo : Radio-Canada (Montréal) | Artéfacts : Musée de la civilisation, 2012-45-108 1 à 4
24-25	CBC (Toronto)
26-27	(en haut) Photo : Musée canadien de l'histoire 2008-0014-0060 | Artéfacts : Musée canadien de l'histoire, 94-1197, 94-1198, 94-1200, 94-1203 a-f, 94-1199 et 94-1202
26-27	(en bas) Musée canadien de l'histoire F911-F12.001.001 et CBC (Toronto)
28-29	CBC (Toronto)
30-31	Photo : CBC (Toronto) | Artéfact : Musée canadien de l'histoire, 94-2570 a-b
32-33	CBC (Toronto) et Sesame Workshop
34-35	Photo : Steven Darby, Musée canadien de l'histoire 2022-0102-0016, avec l'aimable autorisation de Sesame Workshop | Artéfacts : CBC (Toronto)

36-37	TVO
38	TVO
39	Photo : Steven Darby, Musée canadien de l'histoire 2022-0136-0001 | Artéfact : Musée canadien de l'histoire
40-41	(en haut) Karine Dufour, © Télé-Québec
41	(en bas) © Télé-Québec
42	Photo : © Télé-Québec | Artéfact : Musée de la civilisation, 96-1037
43	Photo : Karine Dufour, © Télé-Québec | Artéfacts : Télé-Québec et Attractions Images
44-45	Inuit Broadcasting Corporation
46-47	Inuit Broadcasting Corporation
48-49	Radio-Canada (Montréal), © Sullivan Entertainment Inc.
50	Photo : Steven Darby, Musée canadien de l'histoire 2022-0102-0004, avec l'aimable autorisation de Northwood Entertainment | Artéfact : Northwood Entertainment
51	(en haut) Photo : © Sullivan Entertainment Inc.
51	(en bas) Photo : Northwood Entertainment
52-53	Avec l'aimable autorisation de WildBrain Ltd.
54-55	Photos : Steven Darby, Musée canadien de l'histoire 2022-0102-0007 et 2022-0102-0010, avec l'aimable autorisation de Stefan Brogren | Artéfacts : Stefan Brogren
56-57	Radio-Canada (Montréal) et Vivavision Inc.
58-59	Photos : Steven Darby, Musée canadien de l'histoire 2022-0136-0002, 2022-0136-0003, 2022-0136-0004 et 2022-0136-0006 | Artéfacts : Collection privée
60-61	Jean-François Bérubé, Téléfiction
62-63	Photo : Jean-François Bérubé, Téléfiction | Artéfact : Téléfiction
64-65	Sinking Ship Entertainment
66-67	Photo : Steven Darby, Musée canadien de l'histoire 2022-0102-0003, avec l'aimable autorisation de Sinking Ship Entertainment | Artéfact : Sinking Ship Entertainment
68-69	MD & Spin Master Ltd., tous droits réservés
70-71	Photo : Steven Darby, Musée canadien de l'histoire 2022-0102-0017 et 2022-0102-0019, avec l'aimable autorisation de Spin Master Ltd. | Artéfacts : Spin Master
73	Bibliothèque et Archives Canada e011308549
74	Boris Spremo, *Toronto Star*
75	Julie Bennett, *Toronto Star*
76	Pixel-shot et Shutterstock
78-79	(de gauche à droite) : CBC (Toronto) | Radio-Canada (Montréal) | Téléfiction | TVO
80-81	(de gauche à droite) : © Télé-Québec | Taqqut Productions | CBC (Toronto) | Inuit Broadcasting Corporation | TVO
82-83	(de gauche à droite) : CBC | © Télé-Québec | Inuit Broadcasting Corporation | WildBrain Inc. | Nelvana/Corus Entertainment Inc.

84-85 (de gauche à droite) © Télé-Québec | PBS WGBH Boston | CBC (Toronto) et Sesame Workshop | Office national du film et Wapos Bay Productions Inc.

86-87 (de gauche à droite) CBC (Toronto) et Sesame Workshop | WildBrain Inc. | MD & Spin Master Ltd., tous droits réservés | Boat Rocker Media

89 (de gauche à droite puis de haut en bas) : © Télé-Québec | Claude Steben | CBC (Toronto) | Véro Boncompagni, Téléfiction | Radio-Canada (Montréal) | Musée canadien de l'histoire | CBC (Toronto) | Suzanne Pinel | CBC (Toronto) et Noreen Young Productions | MC & © The Jim Henson Company | TVO | Productions Megafun | Boat Rocker Media | Kanien'kehá:ka Onkwawén:na Raotitióhkwa Language and Cultural Center (Kahnawà:ke)

90 Photo : © Télé-Québec | Artéfact : © Société de télédiffusion du Québec

91 Claude Steben

92 Photo : CBC (Toronto) | Artéfact : Musée canadien de l'histoire 2003.99.1 a-g

93 Photo : CTV (Bell Media) | Artéfact : Ken Seiling Waterloo Region Museum 2 010 016

94 Photo : Steven Darby, Musée canadien de l'histoire 2022-0102-0013, avec l'aimable autorisation de Fred Penner | Artéfacts : Fred Penner

95 Photo : Véro Boncompagni, Téléfiction | Artéfact : Téléfiction

96 Musée canadien de l'histoire D2004-23650

97 Photo : Radio-Canada (Montréal) | Artéfacts : Collection privée

98 Photo : Musée canadien de l'histoire 2008-F0001.023 | Artéfacts : Musée canadien de l'histoire 94-1108 a-b et 94-110 a-c

99 Photo : Musée canadien de l'histoire F23A-F2.002.001 | Artéfacts : Musée canadien de l'histoire 94-2580

100 Photo : CBC (Toronto) | Artéfact : Bibliothèque et Archives Canada R16102-10-8-F

101 Photo : Radio-Canada (Montréal) | Artéfact : Musée McCord M994.31.1.1

102 Suzanne Pinel

103 TVO

104 Photo : MC & © The Jim Henson Company | Artéfact : Centre for Puppetry Arts (Atlanta, Géorgie) 2 014 004 099

105 Photo : CBC (Toronto) et Noreen Young Productions | Artéfacts : Noreen Young

106 Productions Megafun

107 (en haut) Boat Rocker Media

107 (en bas) Boat Rocker Media

108-109 Kanien'kehá:ka Onkwawén:na Raotitióhkwa Language and Cultural Center (Kahnawà:ke)

110-114 Photos : Carolyn Lecorre, Musée canadien de l'histoire